さめ先生が教える

サメのひみつ10

北海道大学名誉教授 仲谷 一宏
（なかや かずひろ）

ブックマン社

ジンベエザメ | Whale shark

シュモクザメ | Hammerhead shark

ホホジロザメ　Great white shark

まだまだ謎だらけの
たのしいサメ学へようこそ！

　みなさん、こんにちは。さめ先生こと、仲谷一宏です。北海道大学で魚の先生をしていました。魚のなかでも特にサメに興味をもち、もう40数年も研究をしています。研究を始めたころ、サメはわからないことばかりでしたが、近年はいろいろなことがわかってきました。新種もたくさん見つかり、びっくり仰天の発見もありました。
　私が魚を好きになったのは小学生のころ、父と釣りに行き、釣れたフナの目を見たときでした。その可愛かったこと。数匹のフナが綺麗な小川を気持ちよさそうに泳いでいる様子もときどき思い出します。そしてサメに興味をもったのは中学生のころ。お小遣いを貯めて専門的な魚類図鑑を買ったのが始まりです。「へえ〜、こんなサメがいるんだ」とか、「おもしろい名前のサメだなあ」と思ったことを覚えています。みなさんもサメに興味をもっているのでしょうね。サメの研究をしたいと思っている人もいるかもしれません。
　夏、海水浴場にサメが現れて大騒ぎになることがあります。でもサメは海の生きもの。現れて当たり前。サメは悪者扱いされることが多いですが、違います。人を襲うサメもいますが、大部分は人を見たら逃げてしまいます。間違ったサメ知識をもっている人がたくさんいると感じます。
　というわけで、ここでクイズです。いくつ正解できるでしょうか？

クイズ
サメのなかまはどれ？

① クジラ

② イルカ

③ エイ

こたえ 10ページ

9ページの
こたえ **A**

③ エイ

サメは魚

　クジラとイルカとエイ、形がだいぶ違いますね。全体の形を見ると、背びれや胸びれがあるサメと、同じく背びれや胸びれがあるクジラやイルカは、よく似ています。遠くから見ると見分けがつかないことすらあります。しかし、決定的に違うところがあります。たとえば、クジラやイルカは海面に出てきて空気を吸い、肺呼吸をします。一方、サメやエイは水を吸いこんでえら呼吸をします。クジラ、イルカは哺乳類ですが、サメとエイは魚類。正解はエイです。

クイズ
本物のサメはどれ？

① コバンザメ

② カスザメ

③ ギンザメ

こたえ 12ページ

11ページのこたえ

② カスザメ

ニセモノのサメ

　コバンザメもカスザメもギンザメも、「サメ」と名乗るからには本物のようですが、コバンザメはサメとは形がまったく違い、一目でサメではないことがわかります。サメは同じ魚でも軟骨魚類。コバンザメは硬骨魚類です。ギンザメは軟骨魚類ですが、サメとはいとこのような関係で、えら孔の数や尾びれの形などがサメとは大きく違います。カスザメは平べったくてエイのように見えますが、えら孔が胸びれの前にあり、海底生活に適応した本物のサメです。

クイズ

サメの卵はどれ？

①

②

③

こたえ 14ページ

13ページの
こたえ

③ ネコザメの卵

卵に見えない卵

　卵らしい卵は①と②ですね。③は太いネジのようで、とても卵には見えません。では答えです。①はチョウザメの卵。ということは①が正解？　だってチョウザメでしょう？　いえいえ、チョウザメはサメではないので不正解。サメの卵はもっと堂々としています。②はサメではなくサケの卵、そう筋子です。正解は③。これが卵？と思うかもしれませんが、これはネコザメの卵です。不思議な形のサメの卵については、第1章　ひみつ10（P.82）で詳しくお話ししましょう。

みなさん、クイズは正解できましたか。魚の図鑑をよく見ている人には簡単だったでしょうか。初めての人には難しい問題もあったかもしれません。でも、クイズに挑戦して間違った人でも、3つのことを勉強しました。「へえ～」が大事。新しいことを知ったのです。
　人類は地球を脱出し、何十万キロメートルも離れた月に行ったり、地上何百キロメートルに浮かぶ宇宙ステーションで生活をしながら、宇宙や地球のなり立ちなどの研究を行っています。そして、今までに何百人もの人が宇宙に行っています。一方、みなさんにとって宇宙よりも身近である海は、いちばん深いところで1万1千メートル、たった11キロメートルです。しかし、この深さまで行ったことがある人は何人いるでしょう。海にも神秘がいっぱいあふれています。
　サメは世界で500種ほどが知られています。このうちの27種は最近5年間に発見された新種のサメです。まだまだわからないサメがたくさんいるということなのです。みなさんも研究をすると新種を発見できるかもしれませんよ。すでに知られているサメでも、たとえば人気者のジンベエザメ、子どもが何匹生まれ、どのように育つのかがわかったのは最近のことです。どこを泳ぎ、何才まで生きるのかは誰も知りません。人気者でも、わからないことだらけです。
　第1章では、サメの体のひみつについてお話ししましょう。第2章では世界のおもしろいサメを紹介します。綺麗なサメの写真もたくさん用意しました。楽しく読んでくれるとうれしいです。

2016年6月
さめ先生
仲谷 一宏

もくじ

- 2 ジンベエザメ
- 4 シュモクザメ
- 6 ホホジロザメ

- 8 はじめに

クイズ
サメのなかまはどれ？
本物のサメはどれ？
サメの卵はどれ？

Chapter 1 サメの体 10のひみつ

21

22 サメの体のしくみ

ひみつ1
24 あたま
- 25 いろいろな形
- 26 サメの第六感

ひみつ2
28 くち
- ジョーズとは「あご」のこと
- 30 あごの進化

ひみつ3

34 **は**

歯はうろこ⁉

35 サメの歯はコワイ？
36 昔と今のサメの歯は？
38 食事のマナー
40 一生に生える歯は6万本

42 **メジロザメ**
44 **ヨシキリザメ**
45 **アオザメ**
46 **ジンベエザメ**
48 **ウバザメ**

ひみつ4

50 **め**

51 よく見える眼
52 光る眼
53 眼をまもる

ひみつ5

54 **はな**

鼻はどこにある？

55 わずかな血のにおいも嗅ぎつける

もくじ

ひみつ6
58 みみ
　耳はどこにある？

ひみつ7
60 えら
　えら呼吸
61　サメ？ エイ？
62　不思議なえら孔の数
63　えら孔の役割

64　**エビスザメ**
66　**ウチワシュモクザメ**
68　**イヌザメ／ラブカ**

ひみつ8
70 ひれ
　ひれの種類と数
71　尾びれ
72　胸びれ／腹びれ
73　背びれ／臀びれ

ひみつ9
74 うろこ
75　サメ肌
76　鱗の役割
77　速く泳げるひみつ
78　こんな使い道もあり

ひみつ10

80 おちんちん
81 おちんちんがある魚
82 子どもの育て方

84 ネコザメ
86 ノコギリザメ
88 トラザメ
90 トラフザメ

91 世界のおもしろいサメ

92 いろいろなサメ

94 ダルマザメ
96 マオナガ
98 メガマウスザメ
100 アカシュモクザメ
102 マモンツキ
　　テンジクザメ

もくじ

- 104 オオテンジクザメ
- 106 ホホジロザメ
- 108 ジンベエザメ
- 110 ナヌカザメ
- 112 ミツクリザメ

- 114 **メガマウスザメ**
- 115 **ミツクリザメ**
- 116 **ニタリ**
- 118 **ナヌカザメ**
   マモンツキテンジクザメ
- 120 **ホホジロザメ**

コラム

- 33 シャークアタック❶
- 41 シャークアタック❷
- 57 サメ学について
- 59 サメの研究者になるには
- 79 新種のサメを見つけたら

- 122 おわりに
- 124 おもな参考文献と引用論文
- 125 図の引用一覧
- 126 写真提供

Chapter 1

サメの体 10の ひみつ

サメの体はひみつがいっぱいです。
下向きの口のひみつ、
どんどん生えてくる歯のひみつ、
おかしな形の頭のひみつ、サメ肌のひみつ、
魚なのにおちんちんがあるひみつ……

サメの強さとカッコよさのひみつを
体の10のパーツから学んでいきましょう。

サメの体のしくみ

下の写真はアオザメの側面と背面です。大部分のサメの特徴はこの写真で見ることができますが、ツノザメやネコザメ類だけがもつ背びれ棘（大きなトゲ）はこの写真には写っていないので注意が必要です。

Chapter 1　サメの体　10のひみつ

A
瞬皮
(眼の下の未発達のまぶた)
瞬膜
(眼の内側から出る発達したまぶた)

まぶた

B
(左上) 切る歯
(右上) 刺す歯
(左) 押さえる歯

歯

C
オスの交尾器
(おちんちんのこと)

クラスパー

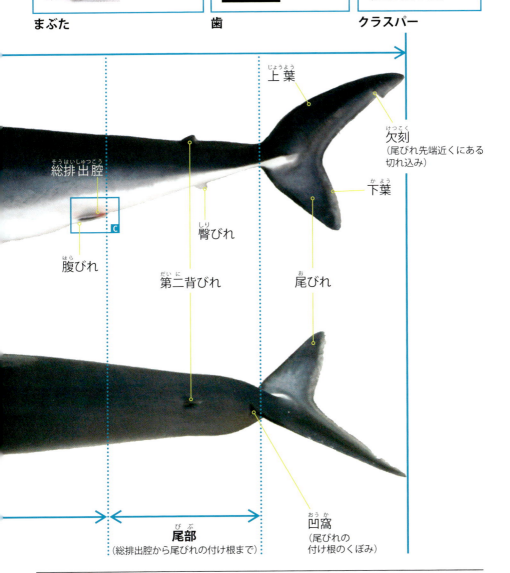

上葉

欠刻
(尾びれ先端近くにある切れ込み)

下葉

総排出腔

臀びれ

腹びれ

第二背びれ

尾びれ

尾部
(総排出腔から尾びれの付け根まで)

凹窩
(尾びれの付け根のくぼみ)

いろいろな形

　サメの頭といえば、一般的にはメジロザメやツノザメなどの形です。しかし、サメの生活はいろいろ、頭の形も自分たちの生活にもっとも都合のよい形になっています。

高速で泳ぐ

　アオザメやネズミザメは、頭の先端（＝吻端）が細く、体全体が紡錘形になっています。吻端で水を切り裂き、体に沿って水がスムーズに流れるので、抵抗が少なくなって高速で泳ぐことができるのです（図1-1）。

変わった形

　もっとも変わった形の頭は、ノコギリザメやシュモクザメでしょう。頭が前に伸びてノコギリのようになったり、横に広がってトンカチのような頭になっています。邪魔そうに見えますが、これらの頭は泳いだり、獲物を探したり捕まえたり、とても大切な役割をもっていて、ノコギリザメもシュモクザメもこの頭がないと生きていけません。

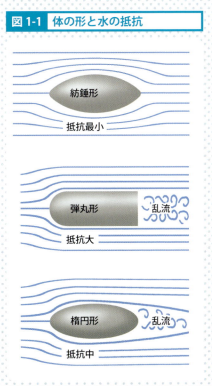

図 1-1　体の形と水の抵抗

アオザメ、ネズミザメ、ホホジロザメなど高速で泳ぐサメは、水の抵抗が少ない紡錘形に近い体形をしています。

サメの第六感

図 1-2 ロレンチーニびんの模式図

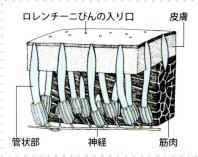

サメには第六感があります。人にはありません。その不思議な第六感を感じるのがロレンチーニびんです。

ロレンチーニびんって何？

イタリアのロレンチーニさんが発見した器官で、サメの吻部にあります。サメの吻をよく見ると小さな孔がたくさん開いています。それがロレンチーニびんの入り口です（**図1-3**）。ロレンチーニ"びん"といわれるように、びんの形をしていて、中にはゼリー状の物質がつまっています。びんの底には知覚神経が来ていて、情報を脳に伝えます（**図1-2**）。

図 1-3 ロレンチーニびんの入り口（ニホンヤモリザメ）

Ⓐ 吻部の腹面　Ⓑ 吻部の背面

小さな孔がロレンチーニびんの入り口です。吻部の腹面と背面に見ることができます。

獲物を探す

　動物は動くとき、筋肉を使います。すると筋肉に電流が流れ、筋肉が磁石のようになって、周囲に磁場が作られます。獲物が砂の中に隠れていても、呼吸のために筋肉を動かすので、ロレンチーニびんでその磁場を感じ取り、獲物を探し出してしまいます。にごった水の中や真っ暗な夜などでは、とくに役立ちます。

方向を知る

　サメの親戚であるエイを使って、おもしろい実験をした人がいます。まず人工的に北と南を作り、突然、北と南を逆にしたのです。するとそのエイは、磁場が逆転したことを知り、反対の行動をしました。
　地球にも北極と南極があり、私たちは大きな磁場の中で生活しています。ヨシキリザメなどが太平洋や大西洋を東西南北に大回遊するときに、何もない海の中ではロレンチーニびんで泳いでいる方向を探っていると考えられています。

図 1-4　方向を知るしくみ

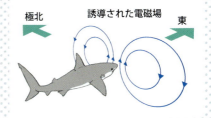

地球の磁場の中を泳ぎながら、ロレンチーニびんで方向を知り、大海原を迷子になることなく、自由に泳ぎまわることができます。

ひみつ 2

くち
mouth

ジョーズとは「あご」のこと

　「ジョーズ」と聞くと何を連想しますか？　巨大なホホジロザメが人をつけねらって襲う、あの有名なパニック映画を思い出す人が多いと思います。しかし、あの映画も、恐ろしいホホジロザメも、本来「ジョーズ」とは関係ありません。「ジョーズ」は英語で「jaws」と書き、日本語で「あご」のこと。正確には複数形ですから、「両あご」の意味なのです。

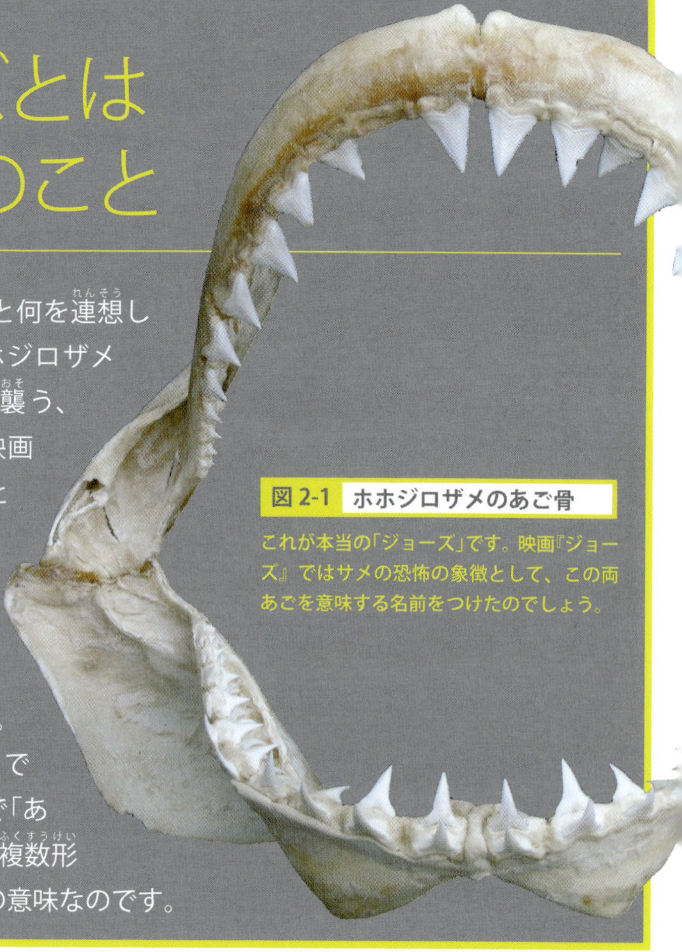

図 2-1　ホホジロザメのあご骨

これが本当の「ジョーズ」です。映画『ジョーズ』ではサメの恐怖の象徴として、この両あごを意味する名前をつけたのでしょう。

あごの役割

大昔、あごのない魚がいたのを知っていますか？ 何億年も前の古生代は、あごのない魚たちの天下でした。しかし、彼らに恐ろしい競争相手が現れたのです。あごをもった魚です。あごを獲得した魚たちは、口を大きく開けて獲物にガブッと咬みついて捕まえ、強い力で肉や骨を切り裂き、食い切ることができます。あごのない魚が彼らに勝てるわけがありません。そして、今はあごのある魚の天下になりました。

サメのあごの特徴

ジョーズはあご。つまり、みなさんもジョーズをもっています。では、自分のジョーズを探してみてください。口をパクパクするとあごが下に動きます。それが下あごです。上あごはどうですか？ 口を動かしてもはっきりとわからないはずです。私たち人間の上あごは頭の骨とくっついているため、区別ができません。サメは人間と違い、上あごが頭の骨から独立しています。そして下あごとペアになっていっしょに動きます。

図 2-2　頭蓋骨から独立した上あご

エドアブラザメ

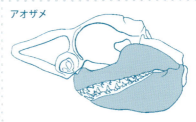

アオザメ

サメの上あごは頭蓋骨と離れているので、口を飛び出させたり引っこめたりすることができます。

あごの進化

| 図 2-3 | 古代ザメと現生ザメのあご骨の大きさの違い |

A ヒボーダス　B ツノザメ

頭蓋骨の大きさとあご骨の大きさをくらべると、古代ザメのあご骨Aが非常に大きく、現生ザメのあご骨Bがとても小さいことがよくわかります。

サメのあごの進化

　古生代のサメと現在のサメのあごの骨をくらべてみましょう。**図2-3**のAは古生代のヒボーダス、Bは現在のツノザメの頭蓋骨とあご骨です。2つをくらべると、大きな違いがあることがわかります。色を塗ったところが上あごと下あごですが、ヒボーダスはあご骨がとても大きく、その長さは頭蓋骨と同じくらいあります。一方、ツノザメはあご骨がとても小さく、頭蓋骨とくらべてとても短いことがわかります。この例のように、大昔のサメは大きなあご骨をもち、現在のサメは小さなあご骨をもつ傾向があります。あご骨の長さの違いは、口の大きさと関係があり、長いあご骨ほど大きな口になります。つまり、あご骨の長かった大昔のサメは大きな口をし、あご骨が小さい現在のサメは口も小さいということになります。獲物を襲って食べるのに、小さい口よりも大きな口の方が有利であるように思えますが、実はそうではないのです。

サメの口の位置

魚は頭が体の前にあり、頭の方向に泳ぎます。口は頭の前端にあって、前向きに開いているので、獲物を追いかけ捕まえるのに好都合です。ところが現在のサメは違います。口は体の前端ではなく、体の下側にあります。しかし大昔のサメはほかの魚のように体の前にありました。生物の体は、生きていくのにより都合のよい形に変わり、進化していきます。サメの場合は、何億年もの長い進化の歴史の中で、口が体の前から下側に移動しましたが、この形が彼らの生活に好都合だったのでしょう。

図 2-4 サメと一般的な魚の口の位置

A サメ（ヤジブカ）　B 一般的な魚（ゴマソイ）

図 2-5 古代ザメの口の位置

A クラドセラキ　B ツェナカンサス

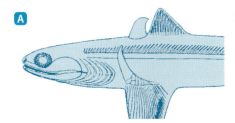
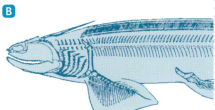

古代ザメは大きなあご骨が体の前端にあるので、口も体の前端に開いていました。

図 2-6　ミズワニの口の位置

あご骨が小さいので口が下に開いています。口の前には敏感な鼻やロレンチーニびんがびっしりとつまり、この部分はソナーの役割を果たしています。

下向きの理由

　サメの口が下向きになった直接の原因は、あご骨が短くなったことにあります。そして、あご骨が短くなるとあご骨の前に空きスペースができ、そこに側線やロレンチーニびんなどの感覚器が広がりました。体の前端に優秀なレーダーやソナーができたことで、外の情報を探知する能力がアップし、生活にとても有利になったのです。あご骨が小さくなることで口も小さくなりましたが、サメは大きな獲物も捕らえます。それには、新しく発達した筋肉が大きく関わっています。その筋肉であご骨を遠くまで押し出したりと、小さなあご骨を自由に動かすことができるようになりました。つまり、かえって獲物を捕まえやすくなったというわけです。さらに、あご骨が短くなった分だけ強い力で咬めるようにもなりました。てこの原理です。ナイフのような歯を備えたことで、丸飲みできない大きな獲物も口のサイズに合わせて肉を切り取ることができます。あご骨が短くなり、口が下向きになることで、生存競争に勝つための多くの有利な変化が起こったのです。

Column 1
シャークアタック❶
サメって本当に危険なの？ 『ジョーズ』が生んだ誤解

　シャークアタックという言葉を知っていますか？ シャークは"サメ"、アタックは"攻撃"。サメから（おもに人間が）襲われることを意味した言葉です。

　日本ではサメに襲われる事故はあまり起きていませんが、海外ではシャークアタックのニュースがときどき流れます。そこで思い出されるのが、映画『ジョーズ』ですね。ホホジロザメが人間をつけねらう悪役にされ、おかげですべてのサメが恐い動物だと思われるようになってしまいました。

　しかし、本当にサメは悪者でしょうか？ 確かに、イタチザメなどのように危険なサメもいて、人にも危害を加える"悪者"なのかもしれませんが、そんなサメはごく僅かなのです。

　では、この地球でいちばん危険な動物は何だと思いますか。サメよりも、もっともっと恐ろしい動物があなたのまわりにもいるんですよ。まわりをぐるりと見まわして、考えてみましょう。

ひみつ3

は
tooth

ホホジロザメの左あごの歯

歯はうろこ!?

サメの口には歯が生えています。巨大な歯、米粒のような歯、ナイフのようにとがった歯、ゲンコツのような歯、いろいろあります。一方、サメの皮膚には小さな小さなうろこがビッシリと生えています。この小さなうろこと大きな歯、まったく違うもののように思えますが、実はこの2つはもともと同じものだったのです。つまり、サメの歯は口のまわりの小さなうろこが大きくなったものなのです。

Chapter 1 　サメの体　10のひみつ

サメの歯はコワイ？

　博物館や水族館で歯が売られているのを見たことがありますか？なかには咬まれたらとても痛そうな歯もあります。

大きい歯、小さい歯

　現在のサメでもっとも大きな歯をもっているのは、ホホジロザメです。全長5mほどの巨体の上あごに、高さが約6センチ、幅が4.5センチもの大きな歯が生えています（図3-1 A）。一方、サメのなかで最大のジンベエザメの歯は、サメのなかでいちばん小さく、ひとつひとつがよく見えないほどです（図3-1 B）。

好みのエサで形が違う

　同じサメなのに、なぜ形や大きさが違うのでしょう。それは食べるエサが違うからです。ホホジロザメはアザラシやクジラを襲い、鋭い歯で肉を切り取って食べます。でも、いくら凶暴なホホジロザメでも、ジンベエザメが食べているプランクトンは食べることができません。

図3-1　歯の大きさの違い

A ホホジロザメ　B ジンベエザメ

昔と今のサメの歯は？

古代のサメと現在のサメではあご骨の大きさや位置が違うというお話をしましたが、歯の形も違います。

古代ザメの歯

大昔のサメの歯は単純な形をしていました。図3-2 を見てわかるように、この歯は獲物を捕まえるだけの役割しかありません。だから彼らは口に入る大きさのエサを食べたり、大きな獲物は引きちぎって食べていたのでしょう。

現代のサメは、ミクロなプランクトンから巨大なクジラまでを自分たちのエサにしてしまいました。そして、獲物の大きさや習性の違いに合わせ、サメの歯もいろいろな形に変化してきたのです。さらに、上あごと下あごが違う役割をするようになり、上あごの歯と下あごの歯の形が違うサメも出現しました。成長するに従って好みの獲物が変わり、それにともなって歯の形が変化したり、また、オスとメスで違う歯をもつこともあります。

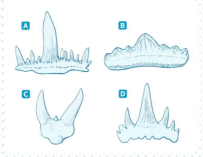

図 3-2 古代ザメの歯
A クラドーダス　B プロタクローダス
C ツェナカンサス　D ヒボーダス

使わない歯

歯の目的は、獲物を捕まえ食べることですが、ジンベエザメなどプランクトンを食べるサメは歯を使いません。エサが小さく、咬んだり切ったりする必要がないのです。

押さえ、刺し、切る歯

肉食のサメには"食べるための歯"が発達しています。歯の使い方はおおよそ3つに分けられます。まずは"押さえる歯"。古代ザメの歯と同じで、トラフザメやラブカなどがこの歯です。獲物を押さえ、丸飲みします。2つ目は"刺す歯"。クギ状やナイフ状の歯です。アオザメやミツクリザメの歯がこれにあたり、獲物を刺し殺し、大きい獲物は引きちぎって食べます。3つ目は"切る歯"。歯が薄く平たく、縁はカミソリのようにシャープ。ギザギザした歯（＝鋸歯）をもつものもいます。典型がホホジロザメやオオメジロザメの上あごの歯で、かたい骨まで簡単に切断してしまいます。

図 3-3　歯の形と役割

🅐 押さえる歯（トラフザメの下あごの歯）
🅑 刺す歯（アオザメの下あごの歯）
🅒 切る歯（ホホジロザメの上あごの歯）

食事のマナー

図3-4 メガマウスザメの食事法

大口を開けながら前進すると、水が口の中に入ってきます。

▼

口を完全に閉じ、水を口の中に閉じ込めます。

▼

口を閉じたまま両あごを引き戻しはじめます。

▼

舌を前に押し出し、口のまわりの筋肉を引きしめます。口の中の水がえら孔から押し出されます。

▼

口の中の水がえら孔から出ていきます。

プランクトンを食べるサメたち

　3種のサメがプランクトンを主食にしています。とはいえ、プランクトンを一匹ずつ食べていたら大変です。そこで彼らは歯を使わず、水といっしょにプランクトンを食べる方法を身につけました。

　ジンベエザメは小さな口をスポイトのように使ってプランクトンの群れを吸いこみます。日本ではいくつかの水族館でジンベエザメを見ることができるので、機会があればその様子を観察してみてください。

　ウバザメの特徴は大きな口とえら孔です。ウバザメは大口を開けたままプランクトンの群れの中を泳ぎまわります。すると、プランクトンの群れが自然に口の中に流れこみ、水だけがえら孔から流れ出ていきます。

　メガマウスザメはのどの皮膚がゴムのように伸び縮みします。このことから、大きな口を開き、プランクトンの群れを大量の水とともに、のどが風船のように膨らむまで口に含み、食べていることがわかりました（**図3-4**）。

肉食のサメたち

肉食のサメたちにとくに発達したのが"切る歯"です。ここでは"切る歯"に注目して肉食ザメの食事のマナーを見てみましょう。

振りまわしたり、ひねったり

メジロザメ類は上あごに、ツノザメ類は下あごに"切る歯"をもっています。同じ切る歯でも上と下にあるので、その使い方は違います。

メジロザメ類は、獲物を口にすると荒々しく頭を左右に振りまわします。獲物の体が上あごの"切る歯"に遠心力で食いこみ、肉や骨が切り裂かれてしまいます（図3-5 A）。

ツノザメ類は下あごに"切る歯"をもつため、頭を振りまわしても役に立ちません。上に刺す歯、下に切る歯をもつダルマザメは、咬みついてから体をグルリとひねって下あごの切る歯を回転させます。すると、アイスクリームをスプーンですくうように肉片が切り取られます（図3-5 B）。

図3-5 サメの食事

A 肉食のサメに食い切られたサメ
B ダルマザメに食べられたメカジキ

一生に生える歯は6万本

| 図 3-6 | ヨシキリザメの
あご骨と補充歯 |

A あご骨　B 下あごの補充歯

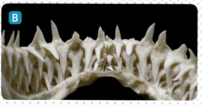

| 図 3-7 | サメの歯茎と歯の動き |

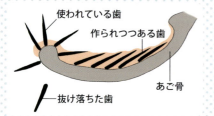

　人が一生に使える歯は、乳歯と永久歯を合わせて52本。毎日歯磨きをして大事に使わなければいけません。でも、サメの歯は使い捨て。どんどん使って捨てて、2〜10日に1回新しい歯に交換します。ヨシキリザメが一生で使う歯の数を計算しました。1週間に1回抜けかわるとすると、あご全体で歯が60列ほどあるので、1週間に60本抜けかわります。1年間では3,120本、そのサメが20才まで生きるとすると62,400本の歯を使うことになります。

エスカレーターで運ばれる

　歯の製造工場はあご骨の内側にあり、新しい歯がどんどん作られて歯茎のエスカレーターに乗せられます。このエスカレーターはじわじわと外側に向かって動いていて、使っている歯もエスカレーターに乗って外に押し出され、抜け落ちます。そして、次の歯が出番になるのです。
　こんな歯の使い捨てシステムがあったから、サメは発展できたのです。

Column 2
シャークアタック❷

海でサメに出会ったら？　襲われないために守るべきこと

　すべてのサメが危険なわけではありませんが、海で実際に出会ったとき、そのサメが危険か危険でないかを判断するのはとてもむずかしいです。実際、危険なサメにバッタリ出会う可能性もありますから、サメに襲われないために、次のことを守ってください。

❶ サメに近づかない
❷ サメを近づけない
❸ サメから離れる
❹ サメにいたずらをしない

　つまり、サメがよくいる場所では泳がないこと。サメが好きな音（バシャバシャという音など）やにおい（血など）を出さないこと。目立つもの（派手な水着やキラキラ光るネックレスなど）を身に着けないこと。サメを見たらすぐに陸や船に上がること。おとなしそうなサメがいても触らないこと。

　海の中で、サメの種類を見分けるのはまず不可能です。目の前のサメが「泳ぎまわっているサメ」であれば、「危険なサメ」と考えた方がいいですよ。

メジロザメ | Sandbar shark

ヨシキリザメ Blue shark

アオザメ | Shortfin mako

ウバザメ　Basking shark

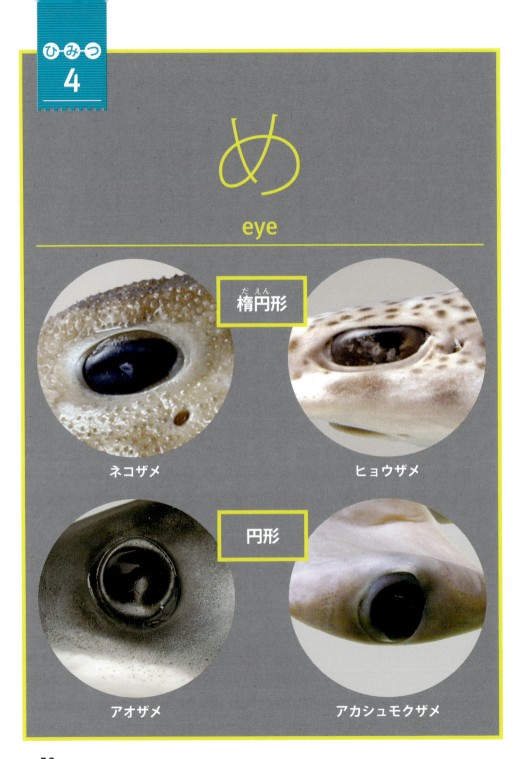

Chapter 1　サメの体　10のひみつ

よく見える眼

　眼は生きていく上でなくてはならない器官です。洞窟などの暗闇で生きている魚には眼のないものもいますが、サメ類には必ず眼があります。

眼の形

　サメは「狭目（＝狭い目）」という言葉がもとになった名前です。確かに切れ長の眼をしたサメもいますが、それだけではありません。楕円形、まんまる、縦長の眼もあります。眼の形はすむ場所とも関係があり、海底近くで生活するサメは横向きの細長い眼を、海の中層や表層で生活するサメはまるい眼をもっています。

あまり見えていない？

　そんなことはありません。サメの眼の構造はいくつかの違いを除き、基本的に人間と同じです。違いのひとつはピント調節。人間はレンズの厚みを変化させますが、サメはレンズを前後に動かしてピント調整をします。海の中では十数メートル先が見えれば生活に支障ありません。

図 4-1　魚の眼の構造

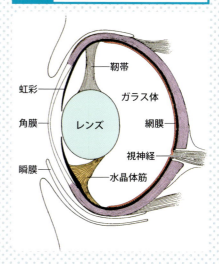

光る眼

図 4-2 暗いところで光る眼（シロカグラ）

ネコと同じ眼をもつ

　人間の眼ともうひとつ大きく違うところがあります。私たちは暗くなると物がよく見えなくなりますが、サメはかなり暗くなってもよく見えています。それはなぜでしょうか。サメの眼には網膜のうしろ側にタペータムという小さな鏡があるのです。眼に入った光はレンズを通過して、網膜にある光受容細胞を刺激します。これで私たちは光を感じることができます。人間の場合はこれで終わりですが、サメはそうではありません。眼に入った光は網膜を通り越し、うしろの鏡で反射し、もう一度、網膜の光受容細胞を刺激するのです。このしくみによって、暗いところでも物がよく見えるようになります。明るい昼間はこの鏡にカーテンが降りて光を反射しなくなります。暗闇でネコの眼が光っているのを見たことがありますか？　ネコもこのしくみをもっていて、眼から入った光が眼の奥にある鏡で反射し、光って見えるのです。

Chapter 1　サメの体　10のひみつ

眼をまもる

サメの眼はいつも開いたまま。もし眼をケガして見えなくなれば、海の中では生きていけません。人間は瞬間的にまぶたを閉じたり、手でおおうことができますが、サメはどのように眼をまもっているのでしょう。

瞬膜

進化したメジロザメの仲間には瞬膜というまぶたがあります。眼の下側に隠れていて、必要なときにもち上がり眼球をおおいます。瞬膜が閉じた状態が"白い眼"に見えるため、メジロザメと名づけられました。

目玉を裏返す

しかし、多くのサメには眼を保護する瞬膜がありません。瞬膜をもたないサメたちはどうしているのでしょうか。そのひとつの方法は、目玉をグルッと裏返して大事な黒目を隠してしまうという作戦です。たとえば、ホホジロザメが大きな獲物を襲うときには眼を裏返して、獲物の反撃から自分の眼をまもっています。

図 4-3　瞬膜の動き（ヨシキリザメ）

瞬膜は眼の下におさまっています。

半分ほど眼をおおった状態です。

完全に眼をおおった状態です。

ひみつ 5

はな
nose

鼻はどこにある？

　鼻はおもに獲物のにおいを嗅ぎ取る器官なので、必ず口よりも前にあります。ふつうは吻の下面にありますが、口が体の前端にあるラブカやジンベエザメでは、鼻孔も体の最前部に開いています。シュモクザメ類は口がうしろの方にありますが、鼻孔は"トンカチ"の前側、左右の孔は遠く離れたところにあります。

図 5-1　ウチワシュモクザメの鼻孔
いちばん外側の矢印の孔が鼻孔です。

Chapter 1　サメの体　10のひみつ

わずかな血のにおいも嗅ぎつける

すぐれた嗅覚

　サメの鼻の中（＝鼻腔）には嗅細胞が並び、においの刺激は終脳（嗅葉）に伝えられます。サメの終脳はとても大きく、においがサメの生活に重要な情報であることが脳の形からもわかります（**図5-2**）。サメはプールに血を数滴たらしただけでそのにおいを嗅ぎ取るといわれていますが、これは血液や筋肉を作るタンパク質（アミノ酸）に鼻が強く反応するためで、100億分の1の濃度でもわかるといわれています。

においで方向探知

　サメの鼻はにおいを感知するだけでなく、方向まで知ることができます。たとえば、音が右から聞こえてきたら、片方の耳で聴くとそれだけですが、両方の耳で聴くと右から流れてくることがわかりますよね。これと同じことが鼻でできるのです。左右の鼻で嗅ぐことで、そのにおいの方向を確かめています。

図 5-2　脳の模式図（アブラツノザメ）

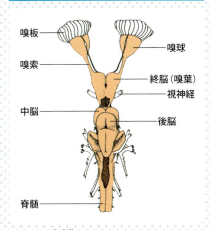

鼻腔の中に嗅板という"ひだ"がならび、この中ににおいをとらえる嗅覚細胞があります。そして、においの刺激は嗅球、嗅索、終脳（嗅葉）と伝えられます。

図 5-3	泳いでにおいを感じる鼻のしくみ

A ニホンヤモリザメ　B ニホンヘラザメ

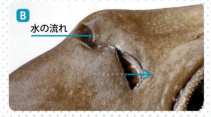

左側が頭の前の方です。水は鼻孔の外側から入り、内側から出て行きます。

図 5-4	呼吸でにおいを感じる鼻のしくみ（シマネコザメ）

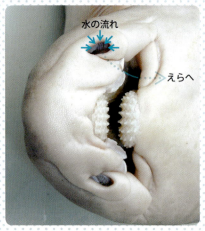

水は鼻孔から取りこまれ、鼻口溝を通って口に入り、えら孔から出て行きます。

泳いでにおいを感じる

　人間の鼻は奥で口とつながっていて、息をすると鼻からも空気が入るので、においを感じることができます。一方、サメの鼻は孔だけで、そのままでは水の出入りはありません。そこで、サメの鼻はおもしろいしくみになっています。孔が外側と内側部分に分かれているのです。外側部分は前を向き、内側部分は皮弁でおおわれています。泳ぐと外側部分から水が押しこまれ、皮弁がある内側部分のうしろが陰圧（内部の圧力が外部より低い状態のこと）になります。外側から押しこまれた水が内側で引き出されることで、においを感じることができます。

呼吸でにおいを感じる

　サメには、泳がないものもいます。泳がないサメは、鼻と口が溝でつながっています。海底でジッとしているサメも呼吸をする必要があります。そのために口から水を飲みこみますが、口と鼻がつながっているので、鼻孔からも水が入り、においを嗅ぐことができるのです。この方法は人間と似ています。自然現象を利用したすばらしいしくみですね。

Column 3
サメ学について
今、サメでわかっていないことはどのくらい？

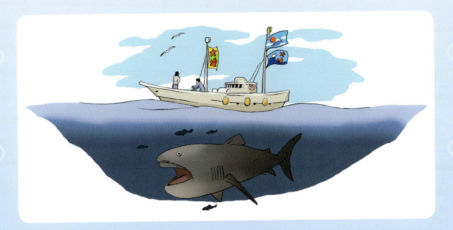

　日々、調査や研究が進められ、新しい発見も多くされていますが、サメについてわかっていないことは実は星の数ほどあります。最近5年間では27種もの新種のサメが見つかっていますが、彼らとは初対面の自己紹介が終わったばかりのような状態で、生態は何もわかっていません。

　サメがどれだけわかっていないのか、そのことを理解してもらうよい例があります。みなさん、メガマウスザメをご存知ですか。6mにもなる巨体で、見た目もとても風変わりなサメなのですが、1976年に初めて捕らえられるまで、そんなサメがこの世にいようとは夢にも思っていませんでした。もちろん、この世に突然現れたわけではなく、それまでも船のすぐ下を泳いでいたのですが、誰も知らなかったのです。そして、発見から40年ほどになりますが、どのような生活をし、子どもを作り、何才まで生きるのか、いまだに謎だらけなのです。

ひみつ 6

みみ
ear

耳はどこにある？

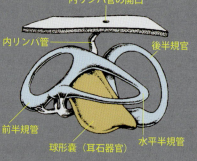

図 6-1 耳の構造

内リンパ管の開口
内リンパ管
後半規管
前半規管
球形嚢（耳石器官）
水平半規管

　人間の耳には外耳、中耳、内耳があり、外から見えているのは外耳です。サメは頭蓋骨の軟骨の中に内耳があるだけなので、外からはどこにあるかわかりません。しかし、サメの聴力は人間よりも優れていて、私たちには聞こえない低音や高音まで聞き取ることができます。サメも人間も内耳で音を感じますが、人間は外耳で音を集め鼓膜を動かしてその振動を内耳に伝えるのに対し、サメは音の振動が皮膚や骨を通り抜け、直接、内耳に伝わっていきます。さらに、サメにはもうひとつ"耳"があります。それは体にある「側線」。ここにはとくに低音の振動を感じる感覚細胞があり、まさに耳の役目をしています。

　耳は音を聴くのはもちろん、体のバランスを取る器官でもあります。体が傾くと内耳の三半規管（直角に交わった3本の半円形の管）の液が動いて中の感覚細胞の毛をゆらし、体の傾きを知ることができるのです。

Column 4
サメの研究者になるには

サメが好きというだけでは、研究者にはなれません！

　今、この本を読んでくれているあなたは、サメに興味をもっている人でしょうね。なかにはサメの研究をしてみたいと思っている人も、何人かいるかもしれません。サメの研究者になるには、どうしたらよいでしょう。実際、サメを研究している私からできるアドバイスは、ひとつです。

　勉強をしてください。

　サメが好きという気持ちはとても大切ですが、好きだけではダメですよ。サメだけでなく生物全般、そして、国語も数学も物理も、英語の勉強もとても大切です。

　高校を卒業し、大学や専門学校に進学してサメを調べるには、いろいろな知識が必要です。調べた結果を発表するときには、言葉が必要です。日本の人たちに向けた研究なら日本語でいいでしょうが、世界中の人に研究結果を知ってほしければ、英語の力が必要です。たくさん勉強をして、サメの謎をひとつでも多く解明する、立派な研究者になってください。

ひみつ 7

えら
gills

シマネコザメ

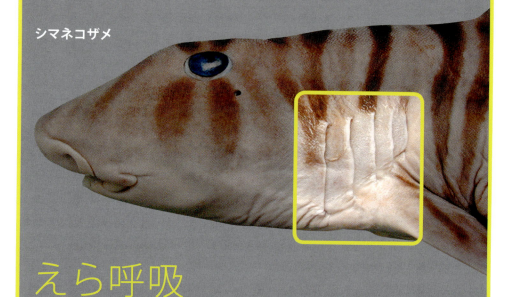

えら呼吸

　サメの"えら"というと、縦に並んだ5つの孔を思い浮かべますが、正しくは水中で生活する動物の呼吸器官のことを"えら"といい、あの孔は"えら孔"、水の出口です。えらはえら孔の奥にあり、薄い膜を通してガス交換（血液に酸素を取りこみ、炭酸ガスを海水中に捨てる）をしています。サメのえら孔は5〜7つありますが、中をのぞくと、前とうしろ側に赤くてデリケートなえらがびっしりと並んでいます。

Chapter 1　サメの体 10のひみつ

サメ？　エイ？

　サメとエイは軟骨魚類の中で兄弟分、だから似た者がいます。たとえば、ノコギリザメとノコギリエイは両方とも長い"ノコギリ"を振りまわして狩りをします。でもサメとエイは別もので、えら孔のある場所で区別ができます。サメのえら孔は体の横、エイのえら孔は腹側にあります。なぜこうなったのでしょう。エイは大きな胸びれをもっていますが、胸びれが進化して大きくなっていく過程で、えらが胸びれの腹側に追いやられてしまったからなのです。

図7-1　よく似たサメとエイ

A ノコギリザメ　B ノコギリエイ

不思議なえら孔の数

図7-2 えら孔
A エビスザメ　B ラブカ　C アブラツノザメ
D イヌザメ　E ネコザメ

背びれとの関係？

　現在のサメのおよそ99％が5つのえら孔をもっています。しかし、残りの約1％（7種）に、それ以上の数のえら孔をもつものがいます。ラブカなど5種は6つ、エドアブラザメとエビスザメは7つです。では、ここでちょっと別の話をしましょう。サメは背びれを2つもっていますが、1つしかない変わり者が6種います。奇妙なことに、この背びれが1つだけのサメたちにはえら孔が6つか7つあるのです。えら孔と背びれには何か関係があるのかもしれません。

　えら孔の変わり者が7種、背びれの変わり者が6種。残りの1種は何者でしょう。この変わり者はノコギリザメの仲間で、6つのえら孔をもちますが、背びれは2つあります。さらにエイにも1種だけ6つのえら孔をもつ者がいて、これらの変わり者たちがどのように進化をし、えら孔の数にどんなメリットがあるのかは、まだわかっていません。

Chapter 1　サメの体　10のひみつ

えら孔の役割

　えら孔は呼吸に使った水や獲物の血など汚れた水の出口です。改めて**図7-2**を見てください。イヌザメ(**D**)の第5番目のえら孔が第4番目のえら孔のすぐ近くにあるでしょう。イヌザメはテンジクザメ目のサメですが、このグループの大部分がこのような特徴をもっています。何を意味するのでしょうか。

えらを傷つけない工夫

　実は、第1～4番目のえら孔は呼吸水専用の出口、第5番目のえら孔は食べたときの汚れた水を出す専用出口なのです。テンジクザメ類は海底で生活し、底にいる動物を吸いこんで食べますが、そのときに砂やサンゴのかけらもいっしょに吸いこんでしまいます。これはデリケートなえらを傷つける恐れがあり、危険です。そこで、第5番目のえら孔を食べかす専用の出口にしてしまったのです。ちなみに第5番目のえら孔にはえらがありません。動物の知恵にはつくづく感心させられます。

図7-3　サビイロクラカケザメ（テンジクザメ目）の実験

黒い色素のついたエサを食べます。

口腔がふくらんだのがわかります。

第5番目のえら孔から黒い水が排出されました。第1から第4番目のえら孔からは黒い水が出ていません。

エビスザメ | Broadnose sevengill shark

ウチワシュモクザメ | Bonnethead shark

ラブカ | Frill shark

幼魚

イヌザメ | Brownbanded bambooshark

ひみつ 8

ひれ
fin

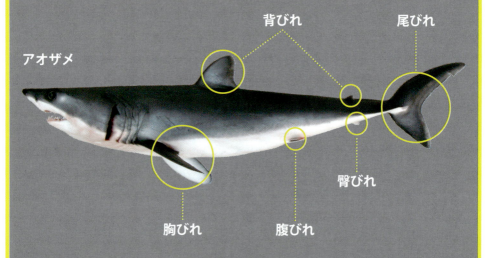

アオザメ
背びれ／尾びれ／胸びれ／腹びれ／臀びれ

ひれの種類と数

　サメのひれには、左右に対になったひれと、体の中央線上にある対にならないひれがあります。対になったひれは胸びれと腹びれで、私たち人間にたとえると、ちょうど手と足にあたる部分です。また対にならないひれは、背びれ、臀びれ、尾びれです。ひれの役割はもちろん泳ぐことですが、スピードを出したり、進行方向を調節したり、姿勢をコントロールする役割をそれぞれのひれが分担しています。

尾びれ

左右に振る

サメの尾びれは縦につき、左右に振って泳ぎます。クジラやイルカはサメに似た体をしていますが、尾びれは横で、上下に振ります。

上下で長さが違う

硬骨魚類の尾びれは上下の長さが同じですが、サメの尾びれは上が長く、下が短い変わった形です（図8-1 A）。上下が同じ長さの尾びれを振ったときにはまっすぐ前に進みますが、上下の長さが違うサメの尾びれでもまっすぐ前に泳げます。

尾びれの役割

尾びれの役割は、プロペラです。尾びれで水をうしろに押して推進力にします。形はサメによって違い、どれも自分の生活にもっとも都合のよい形になっています。速く泳ぐサメは三日月型（図8-1 B）、あまり泳がないサメはリボン状（図8-1 C）、オナガザメは長い尾びれを狩りの道具にもしています（図8-1 D）。

図 8-1　尾びれの形の違い
A ヤジブカ　B ネズミザメ
C ニホンヘラザメ　D マオナガ

胸びれ

図 8-2 胸びれの大きさの違い
A ホコサキ **B** アカシュモクザメ

主翼と前あし

　胸びれは水平に大きく広がっているので、飛行機の主翼と考えたらいいでしょう。胸びれの傾きを変えれば体が上下し、左右の角度を違えれば体がどちらかに回転します。シュモクザメはあの板状の頭が胸びれの代わりをします。だから胸びれは小さくなり、斜め下に向いています（図8-2 **B**）。歩くサメは体をクネクネさせて胸びれを前後に動かして移動します。

腹びれ

図 8-3 腹びれ（シロシュモクザメ）

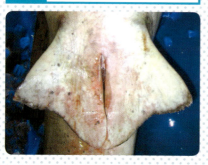

安定舵とうしろあし

　腹びれは体の中央よりもうしろにあります。サメの体の重心は胸びれと腹びれの間にあり、体の前半を支えるのが胸びれ、そして後半を支えるのが腹びれです。これで体が安定します。歩くサメは腹びれを前後させて移動します。

背びれ

横揺れ防止とプロペラと渦消し装置

背びれは2つあり、場所や大きさによって役割が違います。サメは腹びれより前をあまり動かさず、うしろ側を振って泳ぐため、第二背びれが大きい場合はプロペラの役目をします（図8-4 A B）。第一背びれが腹びれより前にあるときは体の横揺れを防ぎ、進む方向を確保します。高速で泳ぐサメの第二背びれは小さく、役に立ちそうもありませんが、渦や乱れた水の流れを整えて水の抵抗を減らす役割があります（図8-4 C）。

図 8-4　背びれと臀びれ

A トラザメ：第一・第二背びれが腹びれよりうしろにあります。
B ホシザメ：第一背びれは腹びれの前、第二背びれは腹びれよりうしろにあります。
C ネズミザメ：第二背びれがとても小さいです。

臀びれ

プロペラと渦消し装置

臀びれは腹びれのうしろにあり、第二背びれと同じ役割をします。臀びれがないサメもいますが、ツノザメ類では腹びれがかなりうしろにあり、臀びれの役割もしています。

図 8-5　臀びれのないサメ（ヒゲツノザメ）

うろこ
scale

テングヘラザメ　タロウザメ

トラフザメ　シマネコザメ

サメ肌

ザラザラの肌

サメの皮膚はザラザラし、まるで紙やすりのようです。でも紙やすりとも少し違います。頭の方からなでるとなめらかなのに、うしろから頭の方になでるとガサガサと引っかかります。ザラザラの原因は鱗なのですが、そう単純ではなさそうです。

楯鱗の構造

サメの鱗は硬骨魚類の鱗とはなり立ちが違います。正式には楯鱗といい、外側からエナメル質、象牙質、髄の3層からできています（**図9-1**）。これは歯の構造と同じで、サメは皮膚に無数の歯をもっているといってもよいでしょう。だから「皮歯」と呼ばれることもあります。楯鱗の形は基本的にうしろになびいた葉っぱ状で、このために尾びれから頭の方向になでると引っかかるのです。鱗の大きさはゴマ粒の1/4程度から米粒ほど。底にいてあまり動かないサメは大きな鱗を、速く泳ぎまわるサメは小さい鱗をもっています。

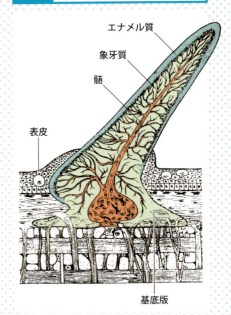

図 9-1 楯鱗の構造

エナメル質
象牙質
髄
表皮
基底版

鱗の役割

図 9-2 オロシザメの鱗

身を守るヨロイ

　鱗の大きな役割は、体を守ることです。岩場やサンゴ礁にいるサメは、岩やサンゴで体をこすったり、ぶつけてしまいます。また海底でジッとしているサメは、寄生虫や外敵に襲われることも多いです。そんなサメは大きくて頑丈な鱗やトゲトゲの鱗で体を守っています。中層や表層を高速で泳ぎまわるサメは、体をびっしりとおおう小さい鱗をもっています。このようにほとんどのサメが鱗のヨロイをもっていますが、なんとヨロイを脱ぎ捨てて身軽さを選んだサメがいます。その名はハダカカスミザメ。深海にすむサメで、文字どおり体に鱗がほとんどなく、やわらかで真っ黒な皮膚が露出しています。ほかの魚に咬まれればひとたまりもないでしょう。深海はヨロイを脱ぎ捨てても平気なほど平和な場所なのでしょうか。それとも真っ暗な深海で忍者のような生活をしているのでしょうか。彼らの生活がとても気になります。

Chapter 1　サメの体 10のひみつ

速く泳げるひみつ

　鱗を別の目的に利用したサメもいます。ズバリ、速く泳ぐための道具です。人間は、プールで走ってもなかなか前に進めません。これは水の抵抗によるもの。でもサメたちは、そんな水の中で速く泳ぐ必要があります。獲物を捕まえなければならないからです。そのためサメたちは、体形を変え、鱗も変えました。

秘密兵器

　まず鱗を小さくし、皮膚と平行に並べました。そして鱗の表面に平行な隆起線を作りました。これで体の表面をなめらかに水が流れるようになります。でも小さな渦ができ、これが抵抗になります。そこで鱗の下にすき間を作りました。渦は鱗と鱗の間から鱗の下に入り、消えてしまいます。さらに、鱗にゴルフボールにあるような小さな凹みを作ることで抵抗を減らしました。水の流れがなめらかになると雑音が減ります。獲物に音もなく近づくことができるようにもなったのです。

図9-3　鱗の拡大図（ヘラザメ）

A 鱗の表面の隆起線　B 鱗のすき間

こんな使い道もあり

図9-4 巨大化した鱗

A シマネコザメの第二背びれの棘
B カラスザメの第二背びれの棘
C ノコギリザメの吻棘
D ニホンヤモリザメの尾びれの肥大鱗

餌食にならないため

ツノザメやネコザメの背びれの前には大きな棘があります（図9-4 A B）。これは鱗が大きくなったもの。鋭い棘が上向きに生えているので、大きなサメなどに食べられても、棘が口の中に刺さり、食べた方は思わず吐き出してしまいます。

餌食にするため

ノコギリザメの吻に生えた鋭い棘も巨大化した鱗です（図9-4 C）。この棘はエサを捕まえるために使います。餌食となる小魚の群れに突っこみ、吻を刀のように振りまわすのです。すると棘に小魚が刺さり、簡単に捕食することができます。

武器にするため

深海性のヤモリザメ類の尾びれには、ノコギリの刃のように並んだ大きな鱗があります（図9-4 D）。刃の向きから考えると、この鱗は戦いの相手に向けられ、相手を攻撃する武器になっているのかもしれません。

Column 5
新種のサメを見つけたら

サメの名づけ親になれるチャンス！　でも発表は早い者勝ち⁉

　研究者にとって、新種の発見はとてもうれしいものです。私も初めて新種のサメを発見したときは、うれしくて寝られなかったことを覚えています。でも、同時に心配なことも出てきました。さて、それは何だったのでしょうか。

　新種を見つけると、魚類や生物の専門誌に、どんな形のサメがどこで獲れたかを発表します。そして、発表は「早い者勝ち」が大原則なのです。そのため、私が初めて新種のサメを発見したときには、次の日から「今日は誰かがどこかで新種の発表をしていないか」という心配ごとで頭がいっぱいになりました。

　この新種発表競争に勝てば、自分の提案した学名が認められ、自分の名前は命名者として永遠に残されます。私も研究生活50年のなかで、たくさんの新種を発見し、発表してきましたが、二度、早い者勝ち競争に負けたことがあります。このときは本当にガッカリしたものです。

ひみつ 10

交尾器
おちんちん
clasper

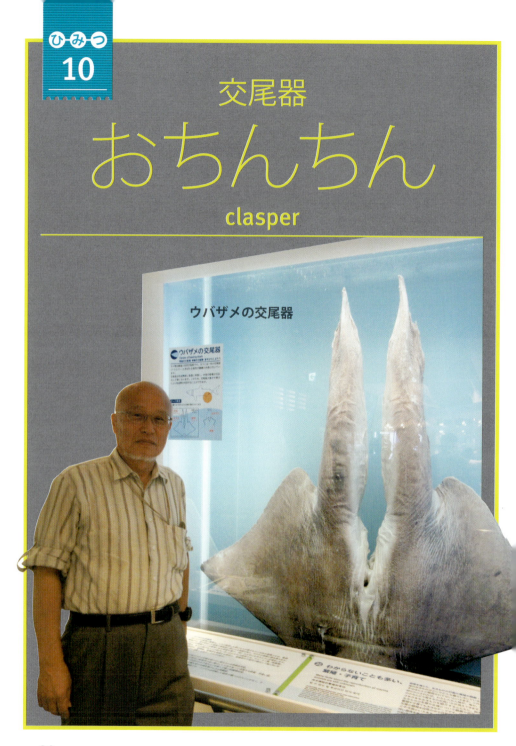

Chapter 1　サメの体　10のひみつ

おちんちんがある魚

　オスのサメにおちんちんがあることを知っていますか？　そう、おちんちんがあるんです。それも2つ。サケやほかの魚の産卵シーンを見ると、メスの産んだ卵にオスが精子をかけて受精をしています。体外受精です。ところがサメは体内受精。卵はメスのお腹の中で受精をするのです。だから、メスの体の中に精子を送りこまなくてはなりません。その道具がおちんちん（交尾器）です。

腹びれからできた

　おちんちんは腹びれにあります。腹びれの一部の骨がおちんちんの元になりました。腹びれは右と左にあるので、右側と左側からおちんちんができます。おちんちんが2つあるのはそのためです。おちんちんは子どものときは小さいのですが、大人になると大きくなります(図10-1)。左ページの写真を見てください。ウバザメは10m以上になる大きなサメですから、おちんちんもこんなに大きくなるんですよ。

図10-1　アブラツノザメの交尾器

A 幼魚　B 成魚

子どもの育て方

図10-2 サメの卵殻

A ナヌカザメ　**B** トラフザメ　**C** ネコザメ

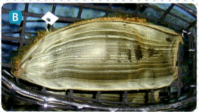

　サメは体内受精です。メスの体内で受精が起きると、受精卵は卵殻（卵のカラ）の中に入り、同時に細胞分裂が始まって、子どもが育ち始めます。どのサメもここまではみな同じですが、ここから運命が分かれます。あるサメはここで卵を産みます（卵生）。また、あるサメは卵をお腹の中にもち続け、子どもがお腹の中で卵からふ化をしても、赤ちゃんが十分に大きくなるまで育てます（胎生）。

卵を産むサメ

　卵生のサメはネコザメ、テンジクザメやメジロザメの一部に見られます。卵殻の形は四角、びん型、ねじ型など一見卵とは思えない形で、コイル状のひもがついていたり、細かな毛でおおわれていたり、いろいろです。卵を産む方法や場所も、海藻やサンゴにからみつけたり、岩の間に産みつけたり、そのまま海底に放り出したままだったり。親は卵を守らないので、子どもだけで卵殻の中で育ち、ふ化します。

赤ちゃんを産むサメ

子どもは母ザメのお腹の中で、いろいろな方法で大きくなります。

1）母親が栄養をあげない

ツノザメ類、ジンベエザメは母ザメのお腹で育ちますが、栄養をもらえず、自分の卵黄で成長します。そのため最初から大きな卵黄をもち、小さい体で産まれます（図10-3 A）。

2）母親が栄養をあげる

栄養をもらう方法は3つあります。❶子宮内の卵黄を食べる（ホホジロザメやネズミザメなど）（図10-3 B）、❷子宮内のミルクを吸収する（イタチザメやホシザメなど）（図10-3 C）、❸胎盤を通して栄養をもらう（メジロザメやシュモクザメなど）（図10-3 D）。❶は獰猛なサメにぴったりの方法かもしれませんね。❸は私たち人間と同じ方法で、サメにこのような方法が発達したのは驚きです。❷はよくわかっていないことが多くこれからの研究の結果待ちです。

図10-3　サメの胎児

A アブラツノザメ　B ネズミザメ
C イタチザメ　D シロシュモクザメ

ネコザメ　Japanese bullhead shark

ノコギリザメ | Japanese sawshark

ふ化

トラザメ | Cloudy catshark

仔魚

トラフザメ　Zebra shark

成魚

Chapter 2
世界の おもしろい サメ

世界の海を見わたすと、
いろいろなサメが泳いでいます。
動物を食べるサメ、プランクトンを食べるサメ、
尾びれを武器に使うサメ、
頭で舵をとるサメ、海底を歩くサメ、
お腹を風船のように膨らませるサメ……

世界のおもしろいサメたちを
ご紹介します。

いろいろなサメ

臀びれがある

カグラザメ目
背びれが1つ
えら孔は6か7つ

ネコザメ目
背びれに棘がある

テンジクザメ目
背びれに棘がない
口は眼よりも前にある

ネズミザメ目
背びれに棘がない
口は眼と同じ位置にある
眼に瞬膜がない

メジロザメ目
背びれに棘がない
口は眼と同じ位置にある
眼に瞬膜がある

Chapter 2　世界のおもしろいサメ

サメをよく見ると、臀びれのあるもの Ⓐ と、臀びれのないもの Ⓑ があることに気づきます。サメをグループ分けするとき、まずこの違いで大きく分け、さらにいくつかの重要な特徴から、9つのグループ（目）に分けていきます。サメやサメの写真を見たら、下の特徴と合わせて、サメのグループ分けをやってみましょう。

臀びれがない

カスザメ目
体はエイのように平たい

ノコギリザメ目
吻はノコギリ状

キクザメ目
第一背びれは腹びれの上にある

ツノザメ目
第一背びれは腹びれよりも前にある

ダルマザメ
Cookie cutter shark

Isistius brasiliensis ／ ツノザメ目 ヨロイザメ科

特徴

小さな体で大きな獲物を狙う、とても変わった習性をもつサメです。原子力潜水艦に咬みついたという記録も残っています。小さな胸びれは体の前に、ふたつの背びれと腹びれは体のうしろにつき、尾びれはうちわ状になっています。上あごの歯は刺状。下あごの歯は大きな三角形で、えらの部分には体を取り巻くように黒色の帯のような模様があります。

分布
太平洋、インド洋、大西洋
日本ではおもに太平洋側

生息場所
外洋の表層から深海

生殖方法
胎生（卵黄依存型）子どもの数は9尾ほど

全長
最大55 cm以上

食べもの
イカ、大型魚類
アザラシ、クジラ類など

Chapter 2　世界のおもしろいサメ

ココがおもしろい！ ➡ ちょっとだけお肉をいただき！ごちそうさま

　ダルマザメのすむ外洋はエサになる動物が少なく、小さなサメはエサをとるのにも苦労します。そこで、ダルマザメは新しい食事方法を手に入れました。小さくても巨大な動物を襲うことができる画期的な方法です。カジキなどの大きな魚や、ときにはクジラ類やアザラシといった大型哺乳類まで標的にし、その体から直径3〜6cmの半球状の肉片をパックリと切り取って食べてしまうのです。間違って原子力潜水艦の探知機のゴム製カバーに咬みついたこともあります。最近、ハワイで沖合を泳いでいた人がダルマザメに肉を咬みとられる事故もありました。

マオナガ
Thresher shark

Alopias vulpinus ／ ネズミザメ目 オナガザメ科

特徴

オナガザメは3種類知られていて、彼らは長い尾びれがないと食事をすることができません。オナガザメの尾びれは異常に長く、尾びれのつけ根（尾柄）はとても太くて、縦長で、上側に大きな凹みがあります。頭の上には溝がありません。体の腹面は白いのですが、この腹面の白が胸びれの背中側まで広がっているのがマオナガの特徴です。

分布

太平洋、インド洋、大西洋、地中海
日本では東北地方以南

生息場所

おもに表層域、ときに水深650mまで潜る

生殖方法

胎生（母体依存型、食卵タイプ）
子どもの数は2～6尾

全長

最大6m以上

食べもの

アジ類、イワシ類などの小魚

Chapter 2　世界のおもしろいサメ

尾びれをひと振り 小次郎もビックリ!?

ココがおもしろい！

オナガザメは、ほかのサメからはまったく想像できない狩りをします。まず、小魚の群れに下からそっと近づき、獲物に狙いをつけ、尾びれをムチのように振り上げて獲物を叩きます。叩かれて傷ついたり骨折して動けなくなった獲物をそれからゆっくりと食べるのです。尾びれの重要な役割は泳ぐときのプロペラとしての働きですが、オナガザメは尾びれを狩りの道具にもしてしまいました。この習性を利用して、オナガザメの漁業ではエサに針を2本つけ、尾びれでエサを叩かせて尾びれから釣り上げる方法で行われています。

97

プクーッ ゴクリ

メガマウスザメ
Megamouth shark

Megachasma pelagios ／ ネズミザメ目 メガマウスザメ科

特徴
初めて見たときは、サメの研究者もびっくり仰天！巨大な口が体の前に開いていて、その奇妙な姿に最初は奇形かと思ったほどでした。その大きな口には小さな歯がたくさん並んでいます。のどやひれの縁などには細かな溝がたくさん走り、上あごの皮膚には白い横線があり、銀白色の下あごには黒い斑点がたくさんあります。

分布
太平洋、インド洋、大西洋
日本では東京湾から熊野灘の太平洋
日本海南部

生息場所
水深12〜200mの表層域

生殖方法
不明

全長
最大6m以上

食べもの
オキアミ、サクラエビなどのプランクトン

Chapter 2　世界のおもしろいサメ

今までどこに隠れてた？

ココがおもしろい！

　初めて発見されたのは1976年。ハワイでの衝撃のデビューでした。2018年7月までに世界で122例の報告があり、そのうちの23例は日本で見つかっています。日本で獲れた標本を詳しく調べた結果、のどの部分の皮膚がゴム状に伸び縮みすることがわかりました。このことから、水といっしょにプランクトンを飲みこむ、ヒゲクジラと似た食事方法だと考えられています。昼間は水深120〜170mにいて、夜は水深10〜25mまで浮上し、はっきりとした日周行動をしていることも報告されています。

トンチン
カンチン
トンカチ頭

アカシュモクザメ
Scalloped hammerhead shark

Sphyrna lewini ／ メジロザメ目 シュモクザメ科

特　徴

シュモクザメは英語で「ハンマーヘッド（＝トンカチ頭）」。眼や鼻の部分が大きく左右に張り出し、上から見るとまさにトンカチです。世界に8種（9種という人もいます）が知られ、日本には3種が分布しています。アカシュモクザメは頭の前が円く、先端部に凹みがあるのが特徴。頭が張り出している分、胸びれは小さく、斜め下方に伸びています。

分　布
太平洋、インド洋、大西洋、地中海
日本では青森県以南の海域

生息場所
湾内や浅瀬から深さ1,000mくらいまで

生殖方法
胎生（母体依存型・胎盤タイプ）
子どもの数は13～32尾

全　長
最大で4.3m

食べもの
サメ・エイ類を含む魚類
タコなどの頭足類

Chapter 2　世界のおもしろいサメ

トンカチ頭の大きさですんでる場所がわかります

ココがおもしろい！

シュモクザメには、頭の張り出しが小さい種、中くらいの種、大きい種の3タイプがあります。日本で見られる3種は中くらいの張り出しのシュモクザメです。日本でもっともポピュラーなシュモクザメがこのアカシュモクザメで、ときどき数百尾の群れを作ります。群れる目的はよくわかっていませんが、群れの中では体の大きいものが強く、ゆるい上下関係があるそうです。頭の張り出しの小さいシュモクザメはアメリカ大陸の両側に、異常なほど大きく頭が張り出しているインドシュモクザメは東南アジア海域からインド洋に分布しています。

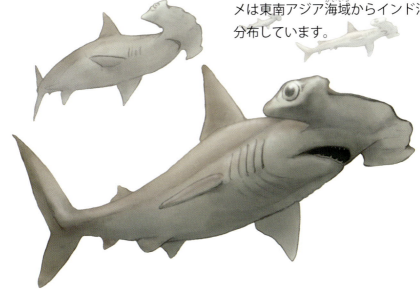

マモンツキテンジクザメ
Epaulette shark

Hemiscyllium ocellatum ／ テンジクザメ目 テンジクザメ科

特徴
サンゴ礁を歩きまわるサメとして有名です。体は細くて尾部が非常に長く、小さな臀びれは尾びれとほとんど接しています。鼻と口は溝でつながっていて、大きな第5番目のえら孔が第4番目のえら孔のすぐうしろにあるのが特徴です。体やひれにはいろいろな紋様がありますが、胸びれ上にはとくに大きい黒い円形の斑紋があって、白くふち取られています。

分布
オーストラリア北部からニューギニア

生息場所
サンゴ礁の中やタイドプール潮間帯などの浅瀬

生殖方法
卵生

全長
最大1m以上

食べもの
エビ、カニ、ゴカイ類などの無脊椎動物

Chapter 2　世界のおもしろいサメ

夜の海ブラブラ歩いてエサ探し

ココがおもしろい！

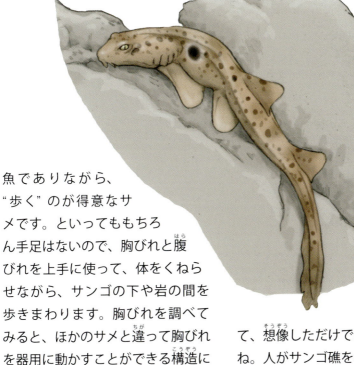

魚でありながら、"歩く"のが得意なサメです。といってももちろん手足はないので、胸びれと腹びれを上手に使って、体をくねらせながら、サンゴの下や岩の間を歩きまわります。胸びれを調べてみると、ほかのサメと違って胸びれを器用に動かすことができる構造になっています。夜行性で、エサを探すのはもっぱら夜。夜な夜なエサを求めてサンゴの間を歩いているなんて、想像しただけでおもしろいですね。人がサンゴ礁を歩くと、驚いていろいろな動物が飛び出してきますが、その動物を狙って足下に寄って来ることがあるそうです。

103

オオテンジクザメ
Tawny nurse shark

Nebrius ferrugineus ／ テンジクザメ目 コモリザメ科

特 徴
沿岸にすむ大型のサメです。大きな体のわりに眼はとても小さく、可愛い顔をしています。体のうしろの方に先がとがった2つの大きな背びれと、尾びれ近くに臀びれがあります。尾びれは長く、全身の1/4以上あります。鼻にはヒゲがあり、鼻孔と口は溝でつながり、第4と第5番目のえら孔は互いに近くにあります。体は全体がきれいな黄褐色です。

分 布
西部太平洋、インド洋
日本では南西諸島

生息場所
水深5～70mのサンゴ礁、岩場、砂泥地

生殖方法
胎生（母体依存型・食卵タイプ）

全 長
最大で3.2m

食べもの
タコ類、甲殻類、ウニ類、魚類など

Chapter 2　世界のおもしろいサメ

ココがおもしろい！

小さい目玉に長いヒゲ大好物はタコやエビ

夜行性で、サンゴ礁や岩礁地帯で割れ目や穴に潜んでいる魚やタコを探します。見つけると小さな口を近づけて口を勢いよく広げ、まるでスポイトのように獲物を吸いとって食べてしまいます。奇妙なことに、オオテンジクザメには第二背びれがない個体がときどき見つかります。それは台湾や沖縄県八重山水域にだけ見られ、オス・メスに関係なく、捕獲された数の半数以上に第二背びれがなかったといいます。なぜこの様な奇妙な現象が起きるのかはわかっていません。

105

ホホジロザメ
Great white shark

Carcharodon carcharias ／ ネズミザメ目 ネズミザメ科

特　徴

有名な映画『ジョーズ』の主人公です。あの映画以来すっかり悪者にされてしまいましたが、人間を狙っているわけではありません。体は筋肉質で、とがった鼻先、黒い眼、大きな第一背びれ、三日月型の尾びれなどが印象的です。上あごの歯は大きい二等辺三角形で、ふちには細かなギザギザがあり、ステーキナイフのような切れ味をもっています。

分　布
太平洋、インド洋 大西洋の熱帯から寒冷水域まで 日本では北海道以南の日本各地

生息場所
おもに沿岸の表層域 1,200mくらいにまで潜る

生殖方法
胎生（母体依存型・食卵タイプ）

全　長
最大6m以上

食べもの
イカ・タコ類、甲殻類、魚類 海鳥類、哺乳類など

Chapter 2　世界のおもしろいサメ

ココがおもしろい！

よく聞いて！
私はそんなに悪くない

　ホホジロザメが大きな獲物を襲うとき、一度強く咬みついてから離すという行動が知られています。これは、獲物との争いでケガをしないよう、獲物が弱るのを待つためと説明されています。シャークアタックの記録を見ると、ホホジロザメによるアタックがいちばん多いのですが、決して人を狙って襲っているわけではありません。人はいつも食べているアシカやオットセイなどと体の大きさが似ています。ホホジロザメの食事をする場所に人が入ってくるので、間違えてしまうのです。

ジンベエザメ
Whale shark

Rhincodon typus ／ テンジクザメ目 ジンベエザメ科

特　徴

みなさんよくご存知の世界最大のサメ、魚類のなかでももっとも大きい魚です。日本ではいくつかの水族館でジンベエザメが飼育展示されているので、その雄大な姿やエサを食べる様子を見たことがある人も多いかもしれません。大きな体に水玉模様、大きな尾びれにおちょぼ口、体に走る3本の隆起線、そしてゆったりと泳ぐ様子がとても素敵です。

分　布
太平洋、インド洋、大西洋
日本では青森県以南

生息場所
沿岸から外洋の表層域
ときに1,900m位まで潜る

生殖方法
胎生（卵黄依存型）

全　長
少なくとも13.7m
18.8mという記録もあるが、詳しくは不明

食べもの
カイアシ類などのプランクトン、魚卵
イワシやサバなどの小中型魚類など

Chapter 2　世界のおもしろいサメ

ココが
おもしろい！

私は体が大きいけれど子どももナンと300匹

　エサを求めて大きな回遊をし、同じ季節に同じ場所に戻ってきます。西オーストラリアには3〜4月にジンベエザメが集まる場所があり、自然のジンベエザメに出会うことができます。南日本にもときどき回遊をしてきますが、回遊経路はわかりません。体が大きく、台湾で全長10.6m、体重16トンのメスが獲れたことがありました。そしてそのお腹からはなんと300尾以上の子どもや卵殻が見つかり、大きな話題になりました。しかし、子どもを産む時期や場所、交尾や妊娠期間などの大部分はわかっていません。

ナヌカザメ
Japanese swell sharks

Cephaloscyllium umbratile ／ メジロザメ目 トラザメ科

特　徴

ナヌカザメ類は世界に18種、日本では1種が知られています。水を吸いこんでフグのようにお腹を膨らますという変わった習性をもち、こんな器用なことをするのはサメのなかでもナヌカザメ類だけです。日本のナヌカザメは1m以上の大きさになり、体に黒っぽい複雑な模様があります。大きな口が特徴で、悪食でなんでも捕らえて食べてしまいます。

分　布
東シナ海から日本
日本では東北北部以南の日本各地

生息場所
大陸棚から水深700mの大陸斜面

生殖方法
卵生（単卵生）

全　長
最大1.1m以上

食べもの
小型サメ・エイ類、硬骨魚類
甲殻類、頭足類など

Chapter 2　世界のおもしろいサメ

どんなもんだい食べてみな

ココがおもしろい！

ナヌカザメの最大の特徴は、胃の中に水を入れてお腹を膨らませることです。これは防衛手段で、急にお腹を膨らませることで敵を驚かせたり、体を大きくして咬みつかれるのを防いだりします。また、流れの強い場所では、膨らませたお腹で岩の割れ目や穴に体を固定することができます。こんなにおもしろい習性をどのように獲得したのでしょうか。ナヌカザメ類は太平洋とインド洋だけに分布し、大西洋にはいませんが、このような分布はナヌカザメ類の起源や進化と関係があり、その謎の解明が待たれます。

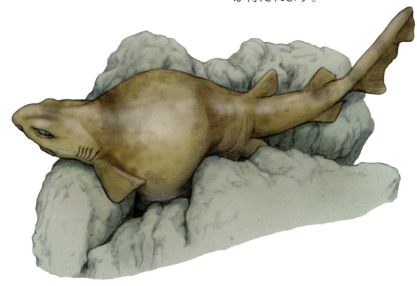

ミツクリザメ
Goblin shark

Mitsukurina owstoni ／ ネズミザメ目　ミツクリザメ科

特徴

深海にすむ謎に満ちたサメで、生態はほとんどわかっていません。体はやわらかく、薄く長く前につき出した吻と、驚くほど大きく前に飛び出す口が特徴です。両あごの歯は細長いクギ状で、口を素早く大きく押し出して、細長い歯で獲物を引っかけ捕まえます。口や口を動かすしくみを変化させて、エサが少ない深海に上手に適応しているのです。

分布
世界の深海域
日本では関東地方以南の太平洋
日本海南部、東シナ海

生息場所
水深1,300mくらいまでの大陸斜面

生殖方法
不明

全長
最大5m以上

食べもの
おもに底生性の小型魚類

Chapter 2　世界のおもしろいサメ

狙った獲物は逃がさない

　英名の「ゴブリンシャーク」には、"化け物ザメ"や"幽霊ザメ"という意味があります。初めて採集されたのは日本で、その標本に基づいて新科新属新種として発表されました。そのときに口が前に飛び出した絵が添えられましたが、描かれた姿があまりに異様なためにゴブリンという英名が与えられたのです。生きた姿を見るのは非常にむずかしいのですが、咬みつく様子が撮影されたことがあります。その動画を分析してみたところ、ものすごい速度で口を飛び出させ、瞬間的にエサを捕まえていることがわかりました。

メガマウスザメ | Megamouth shark

ミツクリザメ　Goblin shark

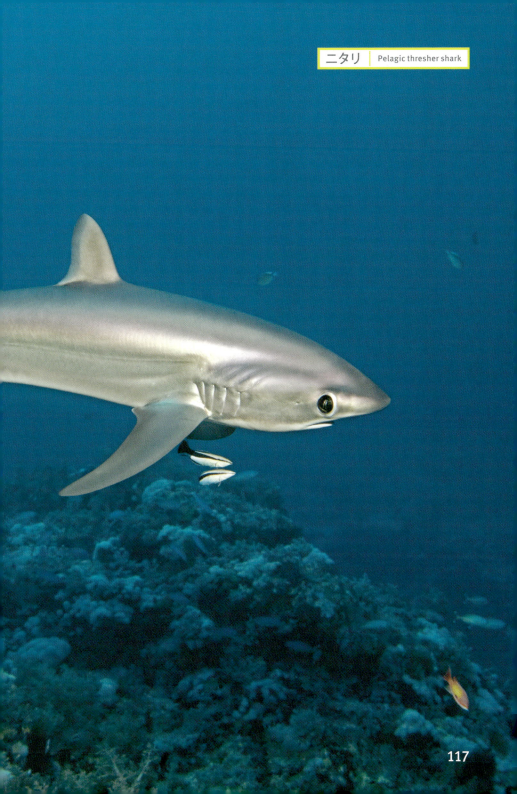

ニタリ | Pelagic thresher shark

ナヌカザメ　Japanese swellshark

マモンツキテンジクザメ　Epaulette shark

ホホジロザメ | Great white shark

おわりに
サメ研究の挑戦に
ゴールはありません

　今年（2018年）は3月中旬から5月初めまで、台湾の研究者友達に招待され、サメの共同研究をしてきました。毎年のように台湾に行って、いろいろなサメを採集してきたので、台湾のサメにずいぶん詳しくなりました。台湾には日本では見られないサメがたくさんいます。たとえば、世界でもっとも小さいサメのひとつ、オナガドチザメ。とても可愛いサメで、一目で好きになりました。しかし、驚くべきことに、このサメは自分の体の半分以上ある大きな子どもを産みます。お腹がポンポコリンに膨れたナヌカザメもたくさん調べることができました。どうして、そして何のためにあんなにお腹が膨れるのでしょう。朝の散歩では、池で飼育されている5匹のオオテンジクザメに会い、彼らがエサをもらうときのおもしろい行動を観察するのも日課になりました。そして、たくさんのサメの謎を抱えて日本に帰ってきました。

　2年前から始めたことがあります。それは、いろいろなサメを歌で紹介する「さめ先生のサメの歌」です。歌詞をひとつ紹介します。

ナヌカザメ
見て見てボクのこのお腹、
フグやタヌキに負けないよ

♪　ボクの特技を知ってるかい
　　ビックリすることできるんだ
　　海の水をのみ込んで
　　ボクの体はポンポコリン

♪　ボクの特技を知ってるかい
　　ポンポコお腹を突き出すと
　　まわりの魚が驚いて
　　一目散に逃げていく

♪　ボクの特技を知ってるかい
　　大きな魚が寄って来て
　　ボクを食べようとするけれど
　　ポンポコお腹が邪魔をする

♪　ボクの特技を知ってるかい
　　眠くなったら岩の中
　　すうーいっとすべりこみ
　　ポンポコお腹を膨らます

♪　ボクの特技を知ってるかい
　　岩の隙間がボクのベッド
　　水の流れにゆらゆらと
　　揺られて明日の夢を見る

このように、サメの特徴やおもしろい生態を歌詞にして、めずらしい写真を見てもらいながら、歌で紹介しています。YouTubeで視聴できますので、興味がある人はアクセスをしてみてください。

ナヌカザメにも、その他のサメにもわからないことがたくさんあります。これからこの謎に挑戦をしようと思います。謎をひとつ解決すると、その向こうには次の謎が出てきます。みなさんもいっしょに、サメの謎に挑戦をしてくれると嬉しいのですが。

Be ambitious, Boys and Girls！

さめ先生
（北海道大学　仲谷一宏）

おもな参考文献と引用論文

Compagno, L.J.V., M. Dando and S. Fowler. 2005
　Sharks of the world.
　　Princeton University Press.

Goto, T., Y. Shiba, K.Shiogaki and K. Nakaya. 2013
　Morphology and ventilatory function of gills in the carpet shark Family Parascylliidae (Elasmobranchii, Orectolobiformes).
　　Zoological Science, 30:461-468.

岩井　保. 2005
　魚学入門.
　　恒星社厚生閣

Kemp, N.E. 1999
　Integumentary system and teeth.
　　In: Hamlett, W.C. (ed). Sharks, Skates and Rays. Johns Hopkins Press.

仲谷一宏. 2003
　サメのおちんちんはふたつ.
　　築地書館

仲谷一宏. 2011
　サメ―海の王者たち
　　ブックマン社

Nakaya, K., R. Matsumoto and K. Suda. 2008
　Feeding strategy of the megamouth shark Megachasma pelagios (Lamniformes: Megachasmidae).
　　Journal of Fish Biology, 73:17-34.

Scheaffer, B. 1967
　Comments on elasmobranch evolution.
　　In: Gilbert, P.W., R.F. Mathewson and D.P. Rall (eds).
　　Sharks, Skates and Rays. John Hopkins Press.

Springer, V.G. and J.P. Gold. 1989
　Sharks in question.
　　Smithsonian Institution Press.

スプリンガー, V.G.・J.P. ゴールド. 1992
　サメ・ウオッチング.
　　平凡社 (監修・訳　仲谷一宏)

図の引用一覧

※図は以下の著書・論文から引用・改変し、使用しました

Compagno Dando and Fowler (2005):
- P.26　図1-2 ロレンチーニびんの模式図
- P.58　図6-1 耳の構造

Schaeffer (1967):
- P.29　図2-2 頭蓋骨から独立した上あご
- P.30　図2-3 古代ザメと現生ザメのあご骨の大きさの違い
- P.31　図2-5 古代ザメの口の位置
- P.36　図3-2 古代ザメの歯

Nakaya, Matsumoto and Suda (2008):
- P.38　図3-4 メガマウスザメの食事法

Springer and Gold (1989):
- P.51　図4-1 魚の眼の構造

岩井 (2005):
- P.55　図5-2 脳の模式図（アブラツノザメ）

Kemp (1999):
- P.75　図9-1 楯鱗の構造

写真提供

- P.1　ヨゴレザメ　Bluegreen Pictures／アフロ
- P.2　ジンベエザメ　Corbis／アフロ
- P.4　シュモクザメ　アフロ
- P.6　ホホジロザメ　Masakazu Ushioda／アフロ
- P.11　ギンザメの仲間　David Fleetham／アフロ
- P.42　メジロザメ　Pacific Stock／アフロ
- P.44　ヨシキリザメ　Masakazu Ushioda／アフロ
- P.45　アオザメ　Alamy／アフロ
- P.46　ジンベエザメ　Reinhard Dirscherl／アフロ
- P.48　ウバザメ　Bluegreen Pictures／アフロ
- P.61　ノコギリエイ　石原元（W&I アソシエーツ）
- P.63　サビイロクラカケザメ　後藤友明（岩手大学）
- P.64　エビスザメ　Alamy／アフロ
- P.66　ウチワシュモクザメ　Alamy／アフロ
- P.68　ラブカ　Photoshot／アフロ
- P.68　イヌザメ(成魚)　中村庸夫／アフロ
- P.69　イヌザメ(幼魚)　中村庸夫／アフロ
- P.77　ヘラザメの鱗　S.P.Iglesias（パリ国立自然史博物館）
- P.84　ネコザメ　Photoshot／アフロ
- P.86　ノコギリザメ　TAKAJIN／SEBUN PHOTO／amanaimages
- P.88　トラザメ(親子)　中村庸夫／アフロ
- P.88　トラザメ(ふ化)　中村庸夫／アフロ
- P.90　トラフザメ(仔魚)　Bluegreen Pictures／アフロ
- P.90　トラフザメ(成魚)　鍵井靖章／アフロ
- P.106　ホホジロザメ　望月賢二（元千葉県立中央博物館）
- P.114　メガマウスザメ　Bluegreen Pictures／アフロ
- P.115　ミツクリザメ　Photoshot／アフロ
- P.116　ニタリ　imagebroker／アフロ
- P.118　上 ナヌカザメ　学研／アフロ
- P.118　下 マモンツキテンジクザメ(全身)　Ardea／アフロ
- P.119　下 マモンツキテンジクザメ(正面)　Bluegreen Pictures／アフロ
- P.120　ホホジロザメ　robertharding／アフロ

シャークミュージアムへ行こう！

ここは、宮城県気仙沼市にある、日本にひとつだけの常設サメ博物館。気仙沼はサメの水揚げ日本一の"サメの街"なので、シャークミュージアムはそんな街にぴったりです。2011年の東日本大震災で被災し、しばらく閉館していましたが、2014年にリニューアルオープン。より科学的な展示内容で、生まれ変わりました。圧巻は世界の全属のサメを見ることができる大壁でしょう。この壁の前に立つと、目の前にさまざまなサメが広がり、サメの世界に浸ることができます。サメの生態を解説したパネルや、大きなジンベエザメの模型にプロジェクションマッピングで泳ぎ出てくるサメたち……。著名なサメ研究者ユージニー・クラークさんが映像で解説してくれる、ダイブトークシアターなどもあります。新種の発表の仕方など、ここでしか見ることのできないものもたくさんあり、サメ学の勉強になるでしょう。

気仙沼シャークミュージアム
気仙沼「海の市」内

〒988-0037　宮城県気仙沼市魚市場前7-13
TEL 0226-24-5755　FAX 0226-22-9292

営業時間	9:00〜17:00
定休日	不定休（※事前にご確認ください）
入場料	大人（中学生以上）500円／小学生 200円／小学生未満無料／団体割引あり

仲谷 一宏
なかや かずひろ

1945年生まれ。北海道大学名誉教授。北海道大学・大学院水産科学研究科博士課程修了。水産学博士。日本板鰓類（サメ・エイ類）研究会前会長。気仙沼シャークミュージアム名誉館長。

さめ先生が教える
サメのひみつ10

2016年7月21日　初版第一刷発行
2018年9月8日　初版第二刷発行

著者	仲谷一宏
ブックデザイン	釜内由紀江（GRiD） 井上大輔（GRiD）
イラスト	川崎悟司
編集	藤本淳子
印刷・製本	凸版印刷株式会社

発行者	田中幹男
発行所	株式会社ブックマン社 〒101-0065　千代田区西神田3-3-5 TEL　03-3237-7777 FAX　03-5226-9599 http://bookman.co.jp/

ISBN 978-4-89308-862-8
©Kazuhiro Nakaya,Bookman-sha 2016
Printed in Japan

定価はカバーに表示してあります。乱丁・落丁本はお取替えいたします。本書の一部あるいは全部を無断で複写複製及び転載することは、法律で認められた場合を除き著作権の侵害となります。